Serdal Ceylan

Frost- und Frost-Tausalz-Widerstand von Betonen mit Polymerzusatz

GRIN Verlag

Bibliografische Information der Deutschen Nationalbibliothek:

Die Deutsche Bibliothek verzeichnet diese Publikation in der Deutschen Nationalbibliografie; detaillierte bibliografische Daten sind im Internet über http://dnb.d-nb.de/ abrufbar.

Impressum:

Druck und Bindung: Books on Demand GmbH, Norderstedt Germany
ISBN: 978-3-640-90694-9

GRIN - Your knowledge has value

Der GRIN Verlag publiziert seit 1998 wissenschaftliche Arbeiten von Studenten, Hochschullehrern und anderen Akademikern als eBook und gedrucktes Buch. Die Verlagswebsite www.grin.com ist die ideale Plattform zur Veröffentlichung von Hausarbeiten, Abschlussarbeiten, wissenschaftlichen Aufsätzen, Dissertationen und Fachbüchern.

INSTITUT FÜR
WERKSTOFFE IM BAUWESEN
DER
UNIVERSITÄT STUTTGART

„Frost- und Frost-Tausalz-Widerstand von Betonen mit Polymerzusatz"

Verfasst von
CAND.-ING. SERDAL CEYLAN

Oktober 2005

Inhaltsverzeichnis

1 Einleitung

Der Einsatz von Tausalzen im Winterdienst und zusätzlich die CO_2-Anreicherung der Atmosphäre haben zu erheblichen Schäden an Stahlbetonbauwerken geführt. Die schützende Passivschicht, die im alkalischen Bereich noch vorhanden ist (nicht karbonatisierter Bereich), wird entweder durch Chloride lokal durchdrungen oder das Stickstoffdioxid führt zur Karbonatisierung, wodurch der pH-Wert sinkt und die Passivität aufgehoben wird.

Die materialzerstörende Wirkung von Frost und Tausalze folgt aus der Sprengwirkung des Eises beim Gefrieren und der Salze beim Auftauen. Die Materialzerstörung ist in der Tatsache begründet, dass, durch die Gefrier-/ Auftauzyklen des Salzwassersystems, zwei Materialsysteme durch den Ablauf dynamischer Prozesse entstehen. Das Wasser erleidet in der Phase des Gefrierens eine Volumenvergrößerung und übt Druck auf die Umgebung bzw. Salzlösung aus. Das Auftauen wirkt dehnt sich die konzentrierte Salzlösung aus und übt ihrerseits Druck auf das Eis und Porensystem [1].

Der vorliegende Entwurf soll den Frost– Tausalzwiderstand von unterschiedlichen Betonzusammensetzungen mit einem Luftporengehalt von 4- 6 % mit dem so genannten CDF – Verfahren (**C**apillary suction of **D**eicing Solution and **F**reeze – Thaw Test) untersuchen.

Als Beurteilungsgröße nimmt dieser Versuch die Abwitterungsmenge von Oberflächen, die einer Vielzahl von definierten Frost-Tau-Wechseln in Gegenwart von Taumitteln (i. d. R. NaCl-Lösung) ausgesetzt werden.

Es gilt einen Beton mit Polymeren als Zusatzmittel in Beziehung mit einem Normalbeton zu setzen. Dabei sollen beide Betone, d.h. der Referenz- und auch der „Polymerbeton", die Bedingungen der Expositionklasse XF 4 erfüllen.

2 Einflüsse der Gefrier-/ Auftauzyklen auf den Beton

2.1 Allgemeines

Die Belastungen auf Bauwerke sind vielseitig. Einerseits gibt es enorme natürliche Belastungen wie Witterung, Temperatur, UV-Licht usw., andererseits aber auch Belastungen, die aus der Funktionsweise der Bauwerke herrühren.

Eine der Belastungen ist das Thema dieses Entwurfs. Dabei geht es, um den Frost- bzw. Frost-Tausalz-Widerstand der Betone. Diese Problematik ist seit über 100 Jahren bekannt. Die Überlegung, dass sich der feine Luftporengehalt im Mörtel positiv auf den Frost- bzw. Frost-Tausalz-Widerstand der Betone auswirken könnte ist nicht absurd, weil bekannt ist, dass Wasser eine Volumenzunahme erfährt, wenn es gefriert. Die Luftporen könnten als „Ausgleichsraum“ dienen.

2.1.1 Ablauf der Schädigung

Die Gefriertemperatur des im Beton enthaltenen Wassers, hängt unter anderem davon ab, inwieweit dieses freie H_2O physikalisch gebunden ist. Das Wasser in den Kapillarporen gefriert vor dem sich in den Gelporen befindenden Wassers. Dieser Sachverhalt ist mit der Druckabhängigkeit des Wassers beim Gefrieren abhängig. Der hohe Druck in den Poren führt zu einer Absenkung des Schmelzpunktes. Je kleiner die Poren sind, umso tiefere Temperaturen müssen vorliegen, damit eine Umwandlung von Wasser in Eis stattfinden kann. Aus diesem Grund wird das Wasser, welches sich in den Gelporen befindet, durch die Volumenzunahme von ca. 9 Vol. % des gefrierenden Kapillarwassers unter einen mit abnehmender Temperatur zunehmenden hydrostatischen Druck gesetzt.

Diese Problematik wird durch den Einsatz von Tausalzen zunehmend gesteigert. Die Salzionen können nicht in das Kristallgitter des gefrierenden Wassers eingebaut werden und führen aus diesem Grund zu einer Abnahme des Gefrierpunktes. Diese Abnahme verläuft fast linear zu der Salzkonzentration.

Bei dem Vorgang des Gefrierens wird Salzwasser in Form von Eis und Salzlösung voneinander getrennt, so dass es zu einer Aufkonzentrierung der Salze in der Lösung kommt. Einerseits belastet das Eis den Zementstein durch Volumenzunahme und andererseits durch den hydrostatischen Druck, der auf die Salzlösung ausgeübt und somit in die Porensysteme eingepresst wird.

Im umgekehrten Fall, nämlich während des Auftauens, wirkt sich der große Wärmeausdehnungskoeffizient der Salzlösung negativ auf den Zementstein aus. Diese übt, hervorgerufen durch den größeren Wärmeausdehnungskoeffizienten, Drücke auf die Wände des Porensystems aus. Dieser Effekt wird zusätzlich durch die Abnahme der Zusammendrückbarkeit (Kompressibilität) verstärkt [1].

2.2 Dynamische Vorgänge der Materialzerstörung

Wie oben schon erwähnt, werden aus der niedrigkonzentrierten Salzlösung in mehreren Zyklen zwei Systeme mit unterschiedlichen Wirkungsweisen gebildet, nämlich in konzentrierte Salzlösung und Wasser in Form von Eis. Die Materialzerstörung ist in der Tatsache begründet, dass, durch die Gefrier-/ Auftauzyklen des Salzwassersystems, zwei Materialsysteme durch den Ablauf dynamischer Prozesse entstehen. Das Wasser erleidet in der Phase des Gefrierens eine Volumenvergrößerung und übt Druck auf die Umgebung bzw. Salzlösung aus. Beim Auftauen vergrößert sich das Volumen der konzentrierten Salzlösung und übt ihrerseits Druck auf das Eis und Porensystem.

Die maximalen Belastungen (Materialzerstörungseffekte) bei Frost-/ Tauzyklen infolge von Eis treten bei minimalen und infolge von Salzlösung bei maximalen Salzkonzentrationen auf.

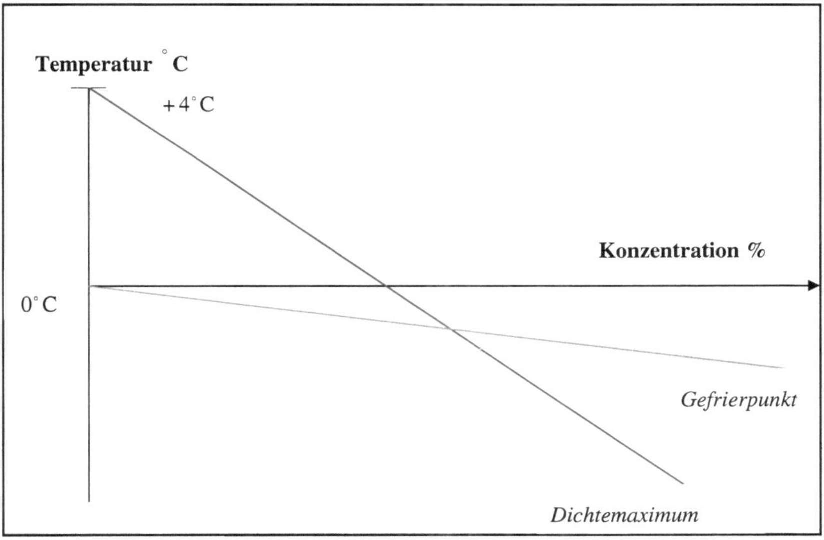

Abb. 1: Temperaturabhängigkeit[1] des Dichtemaximums und Gefrierpunktes von Salzlösungen

Die Bedingungen für optimale Separation sind eine langsame Ausbreitung der Gefrierfront, großes und treibendes Eisvolumen und größtmögliche gelöste und

---

[1] vgl. Pühringer, J.: "Zur Materialzerstörung durch Tausalzfrostwechsel über die 3 %-ige NaCl-Lösung", Zeitschrift B + B, Ausgabe 8/1994, S. 49

transportierte Salzmengen. Die Temperaturverteilung bzw. -gradienten haben natürlich auch Auswirkungen in einem gefrierenden Salzwassersystem.

Zusammengefasst kann gesagt werden, dass die Ausbreitung von Salzlösungen beim Auftauen abhängig ist von der Differenz zwischen der Gefrier-/ Tautemperatur des Eises und der Temperatur des Dichtemaximums. Eine Erhöhung der Differenz führt zur Zunahme des Volumens.

2.3 Einflüsse und Prüfverfahren

Die Frost- und Frost-Tausalz-Widerstände von Betonen sind von vielen Einflüssen bzw. Parametern abhängig. Der Gehalt an Mikroluftporen, Frostwiderstand der Zuschläge, w/z-Wert und die Nachbehandlung sind einige dieser Faktoren. Die Mikroluftporen können entweder durch die Verwendung von Luftporenbildnern eingebracht werden, oder dessen Entstehung kann durch eine ausreichende Mischzeit, optimierte Intensität und weichplastische Konsistenzen gefördert werden.

Es existieren einige Möglichkeiten, den Beton auf Frost- bzw. Frost-Tausalz-Widerstand zu prüfen. Die Normung im europäischen Raum berücksichtigt drei Prüfverfahren. Diese wären:

- Cube-Test
- SLAB-Test
- CIF-/CDF-Test

Hier soll im Folgenden das CDF- Verfahren näher beschrieben werden. Für die Prüfung der Betonmischungen wurde auch dieses Verfahren zu Grunde gelegt [4].

3 Das CDF-Verfahren nach RILEM[2]

3.1 Gegenstand der Prüfung

Die Beanspruchung durch Frost und Tau in Verbindung mit Taumitteln, d.h. die Abwitterung der Oberfläche, ist Gegenstand dieser Prüfmethode. Von wesentlicher Bedeutung ist auf der einen Seite die Herstellung von vergleichbaren Probekörpern und auf der anderen Seite die Übertragbarkeit auf reale Bedingungen und Bauteile.

3.2 Ablauf der Prüfung

Die Prüfung kann in drei Phasen unterteilt werden. In einem ersten Schritt werden die Probekörper in einem Raum mit einer Temperatur von 20 °C und einer relativen Feuchte von 65% gelagert. Der Gewichtsverlauf sollte in dieser Zeit dokumentiert werden. Etwa 2 bis 7 Tage vor Beendigung der Trockenlagerung werden die Seitenflächen abgedichtet. Hierfür kann lösungsmittelfreies Epoxydharz oder auch eine Aluminiumfolie mit Butylklebung verwendet werden.

Die zweite Phase beinhaltet die Vorsättigung der Probekörper durch kapillares Saugen. D.h. die Prüfkörper werden in einen Behälter gelegt, in dem sich eine Prüfflüssigkeit befindet. In den 7 Tagen während des kapillaren Saugens soll die Sättigung der Prüfkörper erreicht werden.

In der dritten Phase laufen die Frost-Tau-Wechsel ab. Die Dauer eines Zyklus beträgt 12 Stunden. Während die 28 Frost-Tauwechsel andauern, werden in bestimmten Zeitabständen Abwitterungsmengen bestimmt, Ultraschall- und Gewichtsmessungen durchgeführt. Während dieser Phase werden die Proben in Edelstahlbehältern gelagert. Die Probekörper sind mit 5 mm hohen Abstandshaltern abgestützt, damit eine definierte Höhe der Flüssigkeitsschicht zwischen der Oberfläche und dem Behälter gewährleistet ist.

3.2.1 Messung der inneren Schädigung

Die Änderung des relativen dynamischen E-Moduls, welches aus der Ultraschalllaufzeit hergeleitet wird, kann zur Bestimmung der inneren Schädigung genutzt werden.

Die Empfehlungen der RILEM sind bei der Bestimmung der Ultraschalllaufzeiten zu berücksichtigen, damit keine Ungenauigkeiten bei den Werten entstehen. Über die Ultraschalllaufzeit können die jeweiligen relativen dynamischen E-Module bestimmt werden, die wiederum Aussagen über den Umfang der inneren Schädigung zulassen.

---

[2] vgl. Setzer; Auberg: RILEM- Empfehlung für „Prüfung des Frostwiderstandes von Beton“, Essen: 1999

mit l_L = 17,5 cm : Gesamtlänge der Durchschallungsstrecke

l_S = 15 cm: Länge der Durchschallungsstrecke des Prüfkörpers

(l_{cl} + l_{cr}) = 1,2 cm: Länge der Durchschallungsstrecke des Ankopplungsmediums

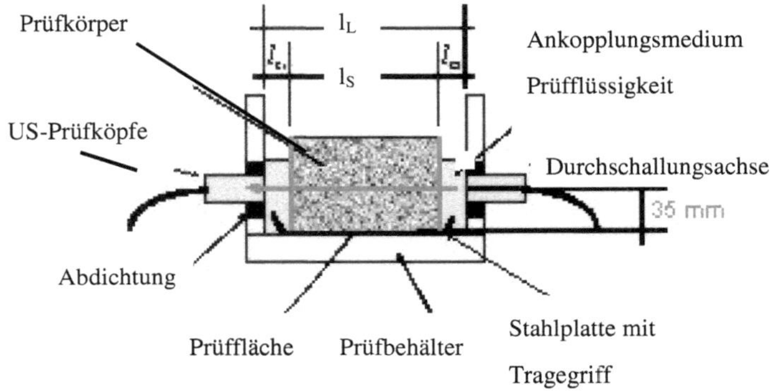

Abb. 2: Prüfeinrichtung zur Bestimmung der Ultraschalllaufzeit[3]

3.2.2 Auswertung der inneren Schädigung

Die Ultraschallgeschwindigkeit wird aus den gemessenen Werten für die Ultraschalllaufzeit ermittelt. Bei der Berechnung der relativen dynamischen E-Module nach n-Frost-Tauwechseln werden alle Probekörper und Achsen getrennt behandelt.

$$\Delta E_{dyn,n} = \left[1-\left(\frac{t_{t,cs}-t_c}{t_{t,n,fct}-t_c}\right)^2\right]*100\ [\%] \qquad (1)$$

mit $\Delta E_{dyn,n}$: Änderung des relativen dynamischen E-Moduls nach n- Frost-Tauwechseln

$t_{t,cs}$: Gesamtlaufzeit nach dem kapillaren Saugen (cs) [µs]

---

[3] vgl. Setzer; Auberg: RILEM- Empfehlung für „Prüfung des Frostwiderstandes von Beton“, Essen: 1999

$t_{t,n,ftc}$: Gesamtlaufzeit nach n-Frost-Tau-Wechseln (ftc) [µs]

t_c : Laufzeit im Ankopplungsmedium [µs]

Die endgültige Änderung des relativen dynamischen E-Moduls wird aus dem Mittelwert beider Durchschallungsachsen bestimmt.

3.2.3 Die Abwitterung der Oberfläche

Wie oben schon erwähnt, werden während der 28 Frost-Tausalzwechsel in regelmäßigen Abständen Abwitterungsmengen bestimmt und Ultraschall- bzw. Gewichtsmessungen durchgeführt. Da man diese Versuche nur durchführen kann, wenn die Temperatur in der Kühltruhe 15 °C übersteigt, stehen ca. 2 h zur Verfügung. In dieser Zeit müssen die Körper in einem Ultraschallbad (3 min) gereinigt werden, damit in einem weiteren Schritt die Prüfflüssigkeit, in der die Abwitterung enthalten ist, gefiltert und getrocknet werden kann.

Die Auswertung sollte nach jedem Durchgang für alle Prüfkörper getrennt durchgeführt werden. Hierbei wird das bis dahin abgewitterte Material auf die Prüffläche bezogen:

$$m_n = \frac{\sum \mu_s}{A} * 10^6 \quad [g/m^2] \qquad (2)$$

mit $\sum \mu_s$: Masse des abgewitterten Materials nach n Wechseln mit einer Genauigkeit von 0,01 [g]

A : Größe der Prüffläche [m^2]

4 Vorbereitung der Prüfkörper

4.1 Betonherstellung

Die Problematik, welche im Abschnitt 2 beschrieben wurde, soll hier durch eine geeignete Betonrezeptur durchleuchtet werden. Zugleich gilt es, erste Lösungsansätze zu finden, die dieses Problem einigermaßen in den Griff bekommen könnten.

Es soll eine Betonmischung konzipiert werden, die die Voraussetzungen der Expositionsklasse XF 4 erfüllt. D.h. ein Luftporenanteil zwischen 4- 6 Vol. %, ein Zementgehalt von mindestens 320 kg/m^3 und ein w/z-Wert von max. 0,5 sind dafür einzuhalten. Alle anderen Angaben sind dem Anhang zu entnehmen.

Der Einsatz von Polymeren ist in der Betonherstellung noch Neuland. Aus Versuchen am IWB, die Herr Cand.-Ing. Bülent Memiş mit der Unterstützung von Herrn Dipl.-Ing. Sven Mönnig durchgeführt hat, ist jedoch bekannt, dass Polymere mehr als das Zehnfache ihres eigenen Gewichtes an Wasser aufnehmen können. Diese Eigenschaft könnte für die Herstellung von Betonen mit höherem Widerstand gegen Frost-Tausalz-Angriffe nützlich sein.

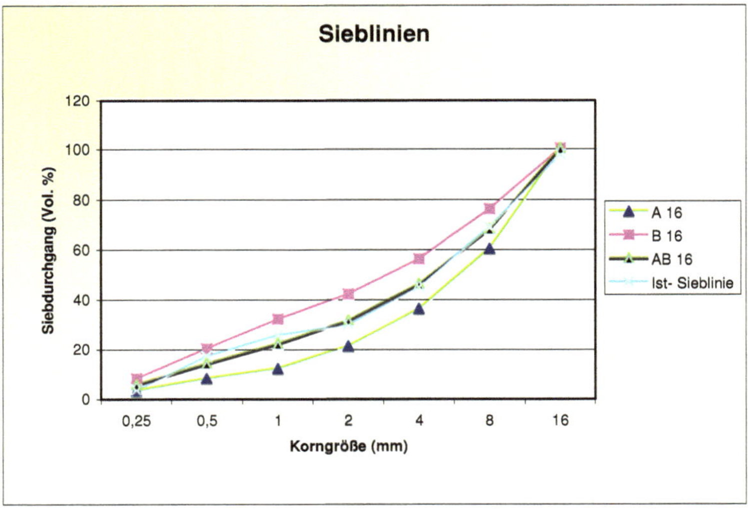

Abb. 3: Verwendete Sieblinie beider Betone

Im trockenen Zustand weisen die Polymere im Mittel eine Porengröße von 125 µm auf. Im gesättigten Zustand, d.h. während der Wasserzugabe, erreichen sie durchschnittlich einen Durchmesser von ca. 300 µm. Im Verlaufe der Hydratation wird das Wasser abgegeben, aber die „Mikroluftporen" bleiben erhalten. Dieser Effekt führt nicht nur zur Erhöhung des Luftporengehaltes, sondern könnte auch zur Steigerung des Frost-Tausalz-Widerstandes und der Festigkeit führen[4].

Für die Gesteinskörnung wurde eine Sieblinie AB 16 gewählt, wie aus der Abbildung oben zu entnehmen ist.

Um eine hinreichende Konsistenz der endgültigen Betonmischungen zu gewährleisten, mussten mehrere Testmischungen durchgeführt werden. Mit Hilfe dieser Mischungen konnten neben den Angaben der DIN 4226-1 Anhang F, L (Hinweise zum Frost- und Frost-Tausalz-Widerstand von Gesteinskörnungen) weitere Anhaltswerte gewonnen werden.

Die genaue Zusammensetzung und die Annahme der Luftporengehalte beider zu vergleichenden Betone sind in der nachstehenden Tabelle aufgeführt.

Eigenschaften	**Referenzmischung**	**Polymermischung**	**Einheiten**
Zementgehalt (CEM 1 42,5 R)	333,33	333,33	*[kg/ m³]*
Wasseranspruch	160,3	160,3	*[l/m³]*
w/z- Wert	0,48	0,48	-
Beton (angestrebt)	C 35/45	C 35/45	-
Fließmittel (FM/ BV 375)	0,5	2	*[l/m³]*
Polymere (DenSAP)	-	1,3	*[kg/ m³]*
Luftporengehalt (angestrebt)	5	5	*[Vol.%]*
Zuschlagsmenge	141,9	141,9	*[kg/ m³]*

Am Anfang wurden die Zuschläge, das Wasser, das Fliessmittel und die Polymere, nach den jeweiligen Berechnungen am Zwangsmischer bereitgestellt.

Als erstes wurden die Zuschläge und der Zement 30 s lang gemischt, um die Homogenität zu gewährleisten. Nach der ersten Wasserzugabe (ca. 80 %) wurden weitere 60 s gemischt. Als nächstes wurde die Mischertrommel mit dem Fliessmittel und dem restlichen Wasser beschickt und etwa 90 s durchgemischt. Zum Schluss kamen die Polymere mit in die Trommel, um den Frischbeton weitere 120 s zu vermischen.

Im Anschluss an den Mischvorgang konnte man am Rütteltisch die Ausbreitmaße und resultierend daraus die Konsistenz feststellen. Für die Bestimmung des

[4] Grübe; Weigler; Karl: „Beton, Arten, Herstellung und Eigenschaften", Ernst & Sohn, ISBN 3- 433-01340- 3, S. 460 ff

Luftporengehaltes bzw. der Rohdichte wurde ein 8 Liter Luftporentopf mit Frischbeton befüllt und verdichtet.

Die Ergebnisse aus den jeweiligen Frischbetonprüfungen sind nachstehend in der Tabelle 2 zusammengefasst.

Eigenschaften	Referenzmischung	Polymermischung	Einheiten
Ausbreitfließmaß	41	57	*[cm]*
Konsistenz	weich	fließfähig	-
Luftporengehalt	1,70	5,20	*[Vol.%]*
Rohdichte	2,41	2,25	*[g/cm³]*

Für jede der beiden Mischungen waren 20 Schalungen herzustellen, was eine Gesamtmenge von 40 Schalungen ergab. Neun dieser Schalungen waren Würfelschalungen mit 150/150/150 mm, 5 Balkenprismen mit 100/100/530 mm und wiederum 6 Würfelschalungen mit 100/100/100 mm. Drei der 150-er Würfelschalungen wurden ohne Schalöl hergestellt, um keinen Einfluss auf die Oberflächen der CDF-Prüfkörper zu riskieren.

Der Frischbeton wurde mit etwa 60 s Verdichtungszeit in die Schalungen eingebracht und der überstehende Beton mit einem Stahllineal abgezogen. Die Probekörper kamen dann für einen Tag in den Feuchtlagerungsraum bei 20 °C und 100 % relativer Luftfeuchtigkeit. Am nächsten Tag wurden die Proben ausgeschalt und weitere 6 Tage unter denselben Bedingungen gelagert.

Ab dem siebten Tag kamen die Proben in einen so genannten „Klimaraum" bei 20 °C und 65 % relativer Luftfeuchtigkeit. Gleichzeitig begann hier die regelmäßige Gewichtsdokumentation.

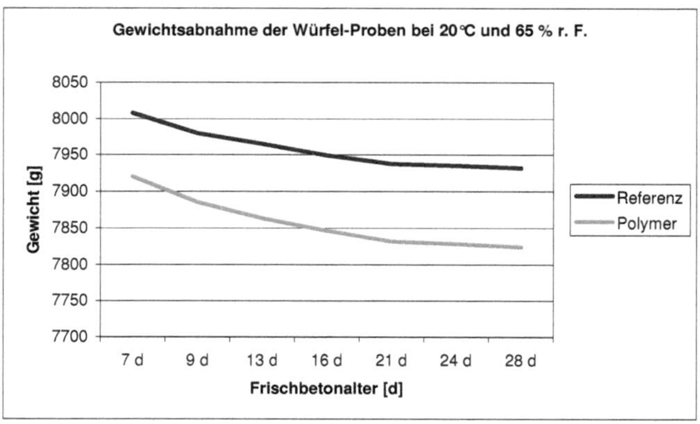

Abb. 4: Durchschnittliche Gewichtsabnahme im Klimaraum

4.2 Herstellung der CDF- Prüfkörper/ Kapillares Saugen

21 Tage nach dem Betonieren wurden die insgesamt 6 CDF- Prüfkörper (Würfel) mit einer Betonsäge in der Mitte in 12 Teile getrennt. Es ergaben sich damit Probekörper mit den Abmessungen 150/150/75 mm (l/b/h). Bevor auf die Seitenflächen Epoxydharz aufgebracht werden konnte, wurden die Prüfkörper 3 Tage im Klimaraum gelagert. Der Grund hierfür war das Kühlwasser des Sägeblatts, welches die Proben nass gemacht hatte.

Am 24. Tag wurden die Prüfkörper mit Epoxydharz, bis auf die Oberseite und die Prüffläche, abgedichtet. Nach 4 weiteren Tagen wurden die Prüfkörper mit der Prüfseite nach unten in eine 15 mm hohe 3 %-ige Natriumchlorid-Lösung eingelassen. Damit startet der Vorgang des „kapillaren Saugens". Während der folgenden 7 Tage wird die Wasseraufnahme festgehalten und immer wieder nachgefüllt. Die Probekörper befinden sich während dieser Zeit 5 mm tief in der Prüfflüssigkeit, da sich 10 mm hohe Abstandshalter in der Edelstahlwannen der CDF- Prüfanlage befinden (Bild 5).

Referenzkörper	Anfangsgewicht [g]	Nach kapillarem Saugen [g]	Differenz [g]
1	3858	3876,9	18,9
2	3881	3899,3	18,3
3	3823	3844,6	21,6
4	3876	3899,2	23,2
5	3705	3731,2	26,2
Polymerkörper	Anfangsgewicht [g]	Nach kapillarem Saugen [g]	Differenz [g]
1	3723	3752,1	29,1
2	3729	3756,4	27,4
3	3853	3872,1	19,1
4	3837	3863	26
5	3820	3839,5	19,5

5 Durchführung der Frost-Tausalz-Prüfung

5.1 Allgemeines

Vor dem Beginn der Frost-Tausalz-Prüfung mussten alle 10 Versuchskörper noch mal gewogen und die Natriumchlorid-Lösung ausgetauscht werden. Als mit dem CDF-Versuch begonnen werden konnte, waren 35 Tage nach dem Betonieren vergangen und die Probekörper hatten 7 Tage „kapillares Saugen" hinter sich.

Für die Prüfung wurden 10, d.h. jeweils 5 Probekörper von jeder Mischung, verwendet. Die Versuchskörper wurden mit der gesägten Fläche nach unten, wieder auf die 10 mm hohen Abstandshalter gestellt. Die Höhe der Natriumchlorid-Lösung wurde, wie in den Tagen zuvor, mit einer Pipette auf 15 mm eingestellt, bevor die Prüfanlage geschlossen und der Temperatur-Zyklus gestartet wurde.

5.2 Die Frost-Tauzyklen beim CDF- Verfahren

Der Temperaturverlauf während eines Frost-Tau-Durchgangs ist nochmals nachfolgend dargestellt. Angefangen bei der Raumtemperatur (etwa 20 °C) wird die Temperatur mit 10 K/h über 4 h gesenkt. Damit wird nach dieser Zeit eine Temperatur von -20 °C erreicht, welche dann über die nächsten 3 h gehalten wird. Im nächsten Schritt wird die Temperatur, in umgekehrter Richtung wie bei der Absenkung, mit 10 K/h über 4 h erhöht, so dass 11 h nach dem Beginn die Ausgangstemperatur von 20 °C wieder erreicht wird. Bevor der Zyklus von vorne beginnen kann, wird die Temperatur

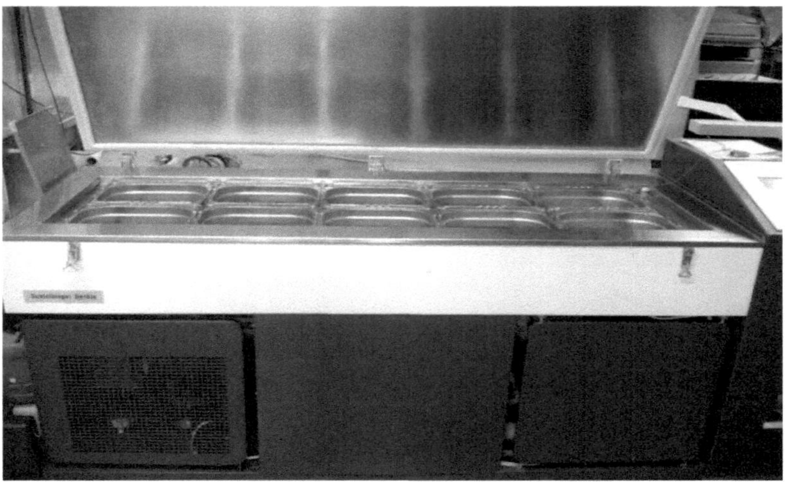

Abb. 5: Offene CDF- Prüfanlage mit den Edelstahlwannen

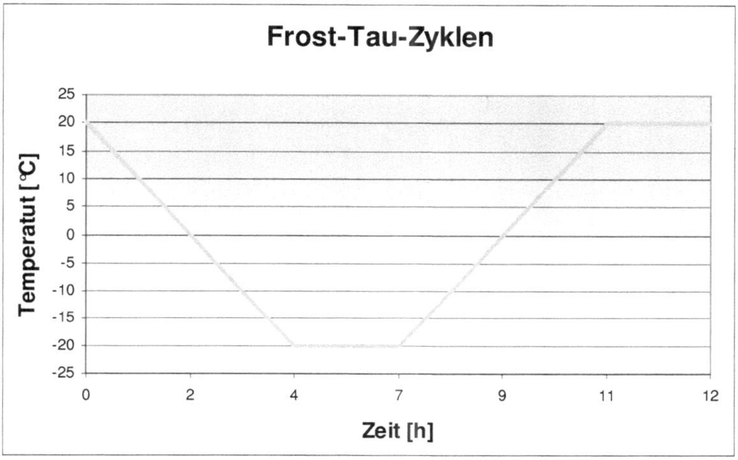

Abb. 6: Darstellung der Temperaturzyklen

von 20 °C über 1 h konstant gehalten. Die Abweichungen sollten Toleranzwerte nicht über- bzw. unterschreiten. Bei der Minimaltemperatur können Abweichungen von 0,5 K sonst von 1 K akzeptiert werden.

5.3 Abwitterungsmengen, Ultraschallbad, -laufzeit

Wie schon unter 3.2.3 erwähnt, werden während der 28 Frost-Tausalzwechsel in regelmäßigen Abständen Abwitterungsmengen bestimmt, Ultraschall- bzw. Gewichtsmessungen durchgeführt. Dafür stehen etwa 2 h zur Verfügung, weil man diese Versuche nur durchführen kann, wenn die Temperatur in der Kühltruhe 15 °C übersteigt. In dieser Zeit müssen die Körper in einem Ultraschallbad (3 min) gereinigt werden (Abb. 7).

Abb. 7: Ultraschallbad

Damit die Feuchtigkeit die Werte nicht verfälscht, werden die Prüfkörper an der Oberfläche abgewischt und dann gewogen. Um den Verlauf der inneren Schädigung mit zu verfolgen werden nach dem Wiegen Ultraschalllaufzeiten gemessen. Das Ergebnis einer Messung ist in Abb. 8 zu sehen.

Abb. 8: Ultraschalllaufzeitmessgerät

In einem weiteren Schritt wird die Prüfflüssigkeit, in der die Abwitterung enthalten ist, in Faltenfiltern, die im Vorfeld bei 110 °C im Wärmeschrank erhitzt und auf 0,01 g genau gemessen wurden, gefiltert und getrocknet (Abb. 9). Der Vorgang des Trocknens dauert 24 h. Die Edelstahlwannen werden wieder mit Abstandhaltern bestückt und frischer Natriumchlorid-Lösung befüllt, damit die Probekörper für die weiteren Zyklen wieder eingelassen werden können.

Abb. 9: Trocknung der Abwitterungsmengen

Der Abschluss einer Messrunde bildet die Berechnung der Abwitterung nach der Gleichung:

$$\mu_s = m_{Fab} - m_F \quad [g] \qquad (3)$$

dabei sind: μ_s = Masse des abgewitterten Materials [g]

m_{Fab} = Masse des Filters mit der getrockneten Abwitterung [g]

m_F = Masse des Filters [g]

An allen Probekörpern wurden die Messrunden nach 2, 6, 14 und 28 Frost-Tau-Wechseln durchgeführt. Die Ergebnisse der ganzen Versuche und Messungen sind dem Anhang zu entnehmen.

6 Ergebnisse

6.1 Eindrücke bei augenscheinlicher Begutachtung

Bei keinem der 10 Probekörpern waren nach 28 Frost-Tau-Wechseln Risse oder größere Abplatzungen zu sehen, so dass man allgemein von einer guten Betonzusammensetzung ausgehen kann. Abb. 10 ist hierfür repräsentativ.

Abb. 10: Versuchskörper PM (CDF) 3 nach 28 Frost-Tau-Wechseln

Bei mehreren Probekörpern [PM (CDF) 1, REF (CDF) 3,5] waren nach 28 Frost-Tau-Zyklen seitlich die Epoxydbeschichtungen gerissen. Nach 14 Zyklen waren hier noch keine Risse zu sehen.

Abb. 11: Risse an der Epoxydbeschichtung am REF (CDF) 5 nach 28 Zyklen

6.2 Anteile an Abwitterung

Anhand der Formel, welche aus der RILEM entnommen wurde, kann die Gesamtmenge des abgewitterten Materials nach dem n-ten Durchgang berechnet werden:

$$m_n = \frac{\sum \mu_s}{A} * 10^6 \quad [g/m^2] \qquad (2)$$

Wie das Summenzeichen hier verdeutlicht, wird dabei die Summe über alle Messungen bis dahin gebildet[5].

Als Grenzwert für die Abwitterung wird in der DIN 4226-1 Anhang L (Stand 2001) 500 g/m² angegeben. Jedoch wird darauf hingewiesen, dass wegen fehlender Erfahrung auch andere Grenzwerte vereinbart werden können. Da hier zwei Mischungen mit jeweils 5 Probekörpern miteinander verglichen werden, wo jeder Prüfkörper eine Prüffläche von 22500 mm^2 hat, ergibt die Summe je Mischung eine Gesamtfläche von 112500 mm^2 ($A = 5*22500\ mm^2 = 112500\ mm^2$).

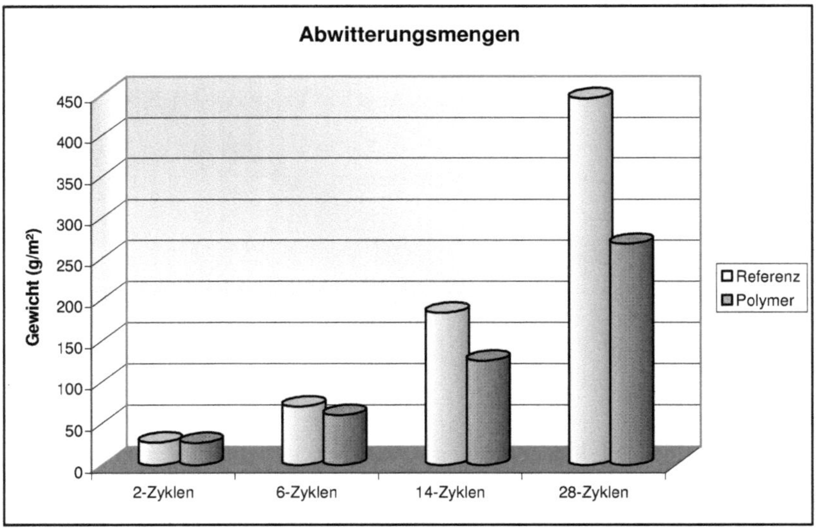

Diagramm 1: Ergebnisse der verschiedenen Betonmischungen

[5] vgl. Setzer; Auberg: RILEM- Empfehlung für „Prüfung des Frostwiderstandes von Beton", Essen: 1999

In dieser Darstellung werden die Unterschiede zwischen den einzelnen Prüfkörpern einer Mischung nicht deutlich. Es treten jedoch bis auf einen (Polymer-) Prüfkörper (PM (CDF) 1) keine nennenswerten Abweichungen untereinander auf.

6.3 Ultraschalllaufzeiten

Sowohl über die 2 Achsen des Prüfkörpers (Abb. 12) als auch bei der jeweiligen Messung wurden mehrere Werte genommen. In einem weiteren Schritt wurden die ins-

Gemittelte Ultraschalllaufzeiten					
0-Zyklen	2-Zyklen	6-Zyklen	14-Zyklen	28-Zyklen	PK
40,5	40,9	41	40,7	40,8	REF (CDF) 1
40,5	40	40,1	39,9	39,9	REF (CDF) 2
41	40,5	40,4	40,4	41	REF (CDF) 3
40,7	40,1	40,3	40,1	40,1	REF (CDF) 4
41,3	41,4	41,5	41,2	41,2	REF (CDF) 5
			Mittelwert x =	**40,6**	REF (CDF)
			Standardabweichung s_x =	**0,48**	

gesamt 6 Messwerte gemittelt und in die Tabelle 3 bzw. 4 eingetragen. Ein Vergleich der Werte im Verlauf der Frost-Tau-Wechsel eines Prüfkörpers macht deutlich, dass diese sich auf einen Wert einpendeln. Damit die Mischungen miteinander verglichen werden können, wurden Mittelwerte und Standardabweichungen der Laufzeiten nach 28-Zyklen bestimmt.

Gemittelte Ultraschalllaufzeiten					
0-Zyklen	2-Zyklen	6-Zyklen	14-Zyklen	28-Zyklen	PK
41	41	40,7	40,7	40,8	PM (CDF) 1
40,4	40,5	40,5	40,3	40,4	PM (CDF) 2
40,5	40,2	40,2	40	40,2	PM (CDF) 3
40,7	40,5	40,5	40,4	40,6	PM (CDF) 4
40,5	40,2	40,2	40	40,1	PM (CDF) 5
			Mittelwert x =	**40,42**	PM (CDF)
			Standardabweichung s_x =	**0,224**	

Die Mittelwerte der Laufzeiten beider Mischungen liegen beieinander. Die Standardabweichung der Polymermischung ist etwa halb so groß, wie die der Referenzmischung.

Abb. 12: Achsen, über die Ultraschalllaufzeiten bestimmt wurden

6.4 Festigkeiten und Quecksilberporössymmetrie

Die Druckfestigkeiten der Polymerprüfkörper lagen im Durchschnitt über 67 N/mm². Die Differenzen zu den im Mittel etwas kleineren Festigkeiten der Referenzkörper sind

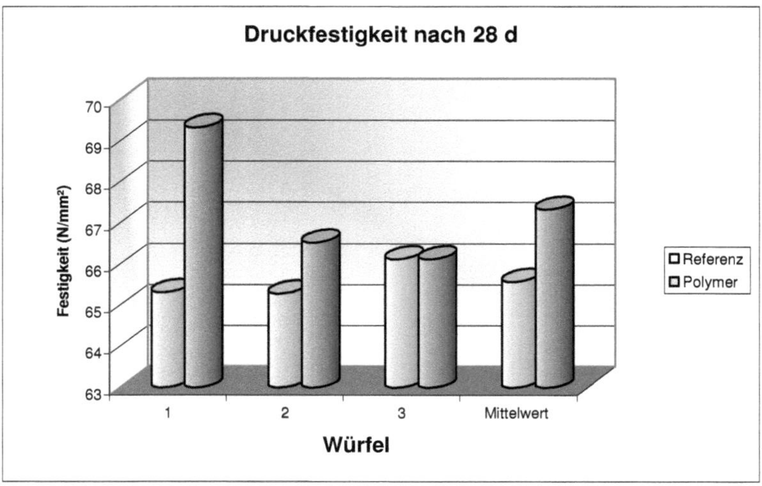

Diagramm 2: Druckfestigkeiten nach 28 d im Vergleich

nach 28 d zwar noch vernachlässigbar, jedoch zeigen die Festigkeitsversuche nach 42 d eine Zunahme dieser Differenz. Hier lag die Druckfestigkeit der Polymerprüfkörper im Mittel über 70 N/mm², wie dem Anhang zu entnehmen ist.

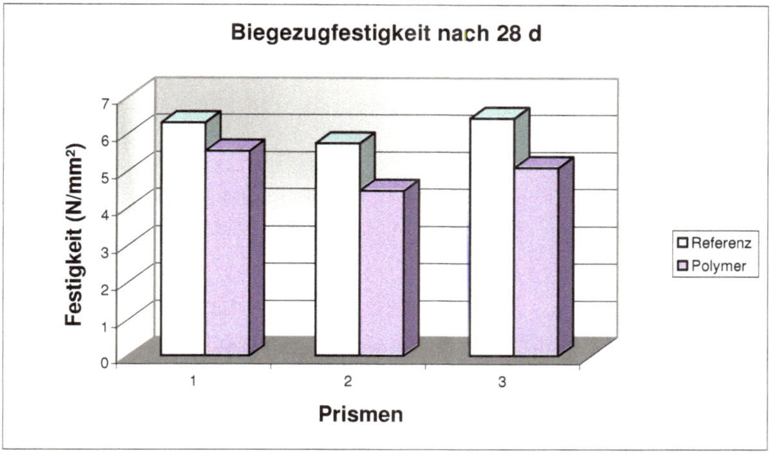

Diagramm 3: Biegezugfestigkeiten nach 28 d im Vergleich

Die Biegezugfestigkeiten zeigen im Gegensatz zu den Druckfestigkeiten höhere Werte für die Referenzkörper. Durchschnittlich liegen sie mindestens 1 N/mm² höher als die Festigkeit der Polymerprüfkörper.

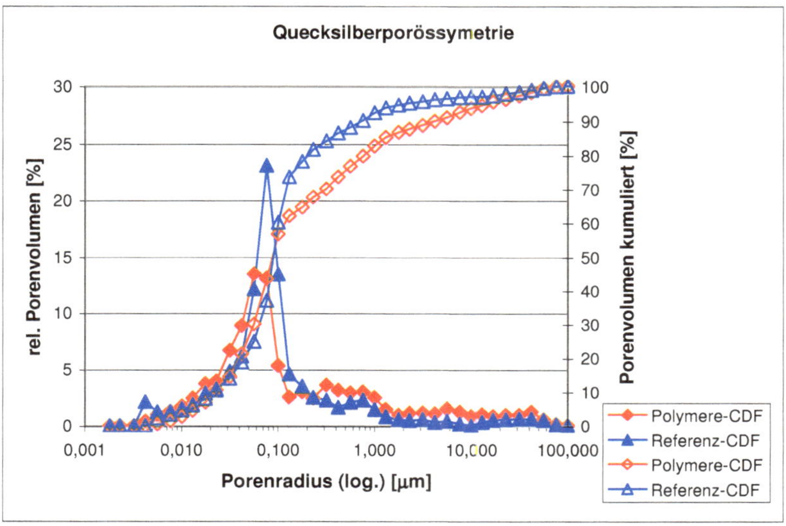

Abb. 13: Vergleich der Mikroporen beider Mischungen

In Abb. 13 ist das Ergebnis einer Quecksilberporössymmetrie dargestellt. Bei der Interpretation der Werte muss darauf geachtet werden, dass die hier gemessenen Porengrößen unterhalb von 100 µm liegen. Die Kurven, die das rel. Porenvolumen der Mikroporen beider Mischungen darstellen, zeigen bis etwa 40 nm eine vergleichbare Verteilung. Der Anteil an Mikroporen größer 50 und kleiner 200 nm ist bei der Referenzmischung deutlich höher. Ab der Porengröße von 300 nm ist wiederum die Polymermischung diejenige mit dem höheren Gehalt an Poren der jeweiligen Größe.

7 Diskussion der Ergebnisse

Die Probekörper beider Betonmischungen haben die Frost-Tau-Wechsel ohne sichtbare Risse am Beton überstanden. Wie oben schon erwähnt, waren Risse an der Epoxydbeschichtung zweier Probekörper auszumachen, welche wahrscheinlich auf die unterschiedlichen Wärmeausdehnungskoeffizienten beider Materialien (Epoxydharz, Beton) zurückgeführt werden können. Die extremen Temperaturschwankungen während der Frost-Tau-Wechsel haben diesen Unterschied wahrscheinlich so deutlich werden lassen.

Obwohl die flächenbezogene Abwitterung der Referenzmischung fast doppelt so hoch ist wie die der Polymermischung, liegen beide unter dem Grenzwert von 500 g/m^2 (Diagramm 1).

Die Luftporengehalte lagen bei der Referenzmischung mit 1,7 Vol. % unter dem in der DIN geforderten Wert von mindestens 4 Vol. %. Dies hat sich durch eine höhere Rohdichte als bei der Polymermischung (s. Tab.) bemerkbar gemacht. Die ermittelten Festigkeiten beider Mischungen lagen über dem geforderten Wert, weil hier ein Beton der Festigkeitsklasse C 35/45 vorausgesetzt wurde. Bemerkenswert waren die höheren 28 d-Festigkeiten aller (Polymer-) Prüfkörper im Vergleich zu denen der Referenzkörper, denn diese hatten deutlich geringere Rohdichten.

Allgemein lassen die hohen Druckfestigkeiten darauf schließen, dass nicht nur ein hoher Zementgehalt verbunden mit vollständiger Hydratation (w/z > 0,42) hierfür verantwortlich ist, sondern eine sehr gute Verdichtungsarbeit geleistet wurde.

Die höheren Druckfestigkeitswerte bei der Polymermischung könnten sich, wie im Abschnitt 4 schon genannt, durch die entstehenden Mikroluftporen erklären lassen. Diese führen wahrscheinlich zu einem dichteren Zementsteingefüge und somit auch zu höheren Druckfestigkeiten. Unterstütz wird diese Überlegung durch die Tatsache, dass die Mikroporen der Polymermischungen ein Volumen von 57,71 mm³/g ausmachen, und die der Referenzmischung von 62,22 mm³/g. In der Abbildung 13 ist leider nur eine Porenverteilung bis 100 µm zu sehen. Aber auch diese Darstellung macht deutlich, dass der Porenanteil < 200 nm bei der Referenzmischung, und > 200 nm bei der Polymermischung größer ist. Zusammenfassend kann gesagt werden, dass der höhere Anteil an größeren Mikroluftporen, insgesamt jedoch eine um 7 Vol.- % reduzierter Anteil an Poren für die höheren Druckfestigkeiten verantwortlich sind.

Im Gegensatz zu den Druckfestigkeiten haben die Polymerprüfkörper kleinere Biegezugfestigkeiten. Die größeren Mikroluftporen, die sich bei der Druckfestigkeit positiv ausgewirkt haben, zeigten eine Querschnittsschwächende Wirkung bei der Biegezugfestigkeit.

Die Ermittlung der Ultraschalllaufzeiten hat gezeigt, dass die Werte der Polymermischung im Schnitt leicht unter denen der Referenzmischung liegen. Dazu wurde festgestellt, dass die Standardabweichung der Referenzprüfkörper doppelt so hoch war. Die genannten Unterschiede könnten auf kleinere Gefügeschädigungen bei den Referenzkörpern hindeuten, die sich wahrscheinlich inhomogen auf die einzelnen Probekörper ausgewirkt haben.

Als letztes sollte in diesem Zusammenhang noch die Interaktion von Polymeren und Fliessmittel genannt werden, da hier noch keine Erfahrungswerte vorliegen.

8 Zusammenfassung und Ausblick

Die vorliegende Entwurfsarbeit sollte den Einfluss von Polymeren auf den Frost-Tausalz-Widerstand untersuchen. Nach einigen Probemischungen wurden die zwei endgültigen Mischungen hergestellt. Eine der Mischungen wurde als Referenzmischung hergestellt, damit die Abweichungen deutlich gemacht werden konnten. Damit eine Aussage über die Beständigkeit gemacht werden konnte, wurde ein Grenzwert von 500 g/m² für die Abwitterung aus der DIN entnommen.

Die flächenbezogene Abwitterung der Referenzmischung war fast doppelt so hoch, wie die der Polymermischung, aber beide lagen weit unterhalb der Grenze. Die Zugabe von Polymeren führt neben der deutlich höheren Frost-Tausalz-Beständigkeit auch zu leicht höheren Festigkeiten.

Als Abschluss ist neben den oben genannten positiven Aspekten einer Polymerzugabe in den Beton auch dessen sehr hohe Kosten zu nennen.

Es konnten leider keine unterschiedlichen Gehalte an Polymeren miteinander verglichen werden, da neben den CDF- Versuchen auch Druck- und Biegezug-festigkeiten gemacht worden sind. Da die Kosten für Polymere nicht außer Acht gelassen werden können, sollte an einer Optimierung gearbeitet werden. Zusätzlich kann noch die Wechselbeziehung von Polymeren und Fliessmittel näher betrachtet werden.

9 Verwendete Abkürzungen

CDF	**C**apillary suction of **D**eicing Solution and **F**reeze – Thaw Test
$E_{1,2}$	Empfänger bei der Ultraschalllaufzeitmessung
FM	Fliessmittel
h, d	Stunde, Tag
K	Kelvin
l/b/h	Länge/ Breite/ Höhe
PM	Betonmischung mit Polymerzusatz
REF	Referenzproben ohne Zusatz von Polymeren
r. F.	Relative Luftfeuchtigkeit
RILEM	**R**eunion **I**nternationale des **L**aboratoires D'**E**ssais et de recherches sur les **M**atériaux et les Constructions
$S_{1,2}$	Sender bei der Ultraschalllaufzeitmessung
s, min	Sekunde, Minute
s_x	Standardabweichung
w/z	Wasserzementwert

10 Literaturverzeichnis

[1] Pühringer, J.
"Zur Materialzerstörung durch Tausalzfrostwechsel über die 3 %-ige NaCl-Lösung", Zeitschrift B + B, Ausgabe 8/1994

[2] Gesteinskörnungen für Beton und Mörtel, Teil 1: Normale und schwere Gesteinskörnungen,
DIN 4226-1, 2001

[3] Setzer; Auberg
„Prüfung des Frostwiderstandes von Beton", RILEM-Empfehlung
Essen, 1999

[4] Stegmaier, M.
„Frost- und Frost-Tausalz-Widerstand von faserbewehrtem Dränbeton"
Entwurf, Universität Stuttgart, 2003

[5] Grübel; Weigler; Karl:
„Beton: Arten, Herstellung und Eigenschaften", Ernst & Sohn,
ISBN 3- 433- 01340- 3

11 Anhang

A1: Versuchsprotokolle über „kapillares Saugen“

A2: Versuchsprotokolle der CDF- Versuche

A3: Gewichtsvergleiche der Probekörper

A4: Festigkeiten

A5: Bilder

A1. Kapillares Saugen

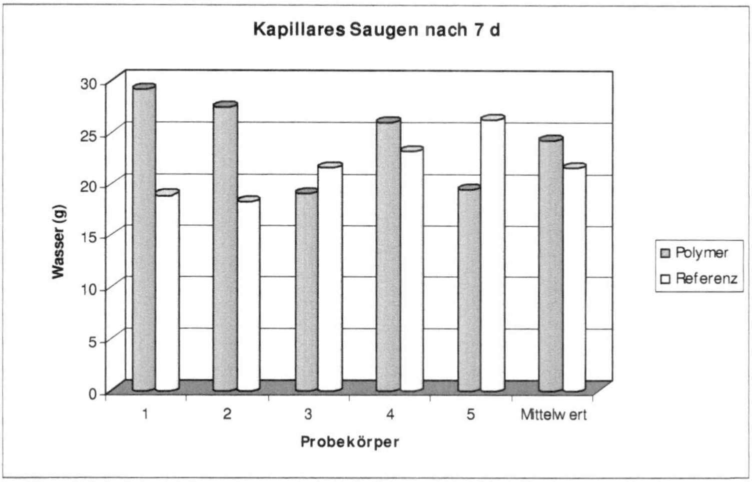

A2. Versuchsprotokolle der CDF- Versuche

Anzahl der Zyklen : 2 **Datum:** 14. Sep

	Brutto [g]	Masse Filter [g]	Abwitterung [g]
REF (CDF) 1	4,61	3,979	0,631
REF (CDF) 2	4,63	4,036	0,594
REF (CDF) 3	4,564	3,919	0,645
REF (CDF) 4	4,591	3,969	0,622
REF (CDF) 5	4,425	3,868	0,557
	Durchschnittliche Abwitterung :		0,6098
PM (CDF) 1	4,328	3,877	0,451
PM (CDF) 2	4,683	3,918	0,765
PM (CDF) 3	4,593	3,907	0,686
PM (CDF) 4	4,329	3,882	0,447
PM (CDF) 5	4,586	3,964	0,622
	Durchschnittliche Abwitterung :		0,5942

Anzahl der Zyklen : 6 **Datum:** 16. Sep

Probekörper	Brutto [g]	Masse Filter [g]	Abwitterung [g]
REF (CDF) 1	5,082	3,936	1,146
REF (CDF) 2	4,779	3,852	0,927
REF (CDF) 3	4,892	3,896	0,996
REF (CDF) 4	4,906	3,933	0,973
REF (CDF) 5	4,626	3,854	0,772
	Durchschnittliche Abwitterung :		0,9628
PM (CDF) 1	4,705	3,923	0,782
PM (CDF) 2	4,538	3,879	0,659
PM (CDF) 3	4,704	3,904	0,8
PM (CDF) 4	4,484	3,845	0,639
PM (CDF) 5	4,74	3,898	0,842
	Durchschnittliche Abwitterung :		0,7444

Anzahl der Zyklen : 14 **Datum:** 20. Sep

Probekörper	Brutto [g]	Masse Filter [g]	Abwitterung [g]
REF (CDF) 1	6,864	3,81	3,054
REF (CDF) 2	6,57	3,868	2,702
REF (CDF) 3	6,545	3,994	2,551
REF (CDF) 4	6,075	3,95	2,125
REF (CDF) 5	6,321	3,955	2,366
	Durchschnittliche Abwitterung :		2,5596
PM (CDF) 1	4,954	3,837	1,117
PM (CDF) 2	5,391	3,958	1,433
PM (CDF) 3	5,934	3,917	2,017
PM (CDF) 4	4,861	3,97	0,891
PM (CDF) 5	5,777	3,814	1,963
	Durchschnittliche Abwitterung :		1,4842

Anzahl der Zyklen : 28 **Datum:** 27. Sep

	Brutto [g]	Masse Filter [g]	Abwitterung [g]
REF (CDF) 1	10,029	3,846	6,183
REF (CDF) 2	9,988	3,965	6,023
REF (CDF) 3	10,236	3,855	6,381
REF (CDF) 4	9,105	3,964	5,141
REF (CDF) 5	9,564	3,87	5,694
	Durchschnittliche Abwitterung :		5,8844
PM (CDF) 1	6,036	3,87	2,166
PM (CDF) 2	6,126	3,919	2,207
PM (CDF) 3	7,785	3,902	3,883
PM (CDF) 4	6,278	3,898	2,38
PM (CDF) 5	8,423	3,025	5,398
	Durchschnittliche Abwitterung :		3,2068

Abwitterungen an den Referenzproben:

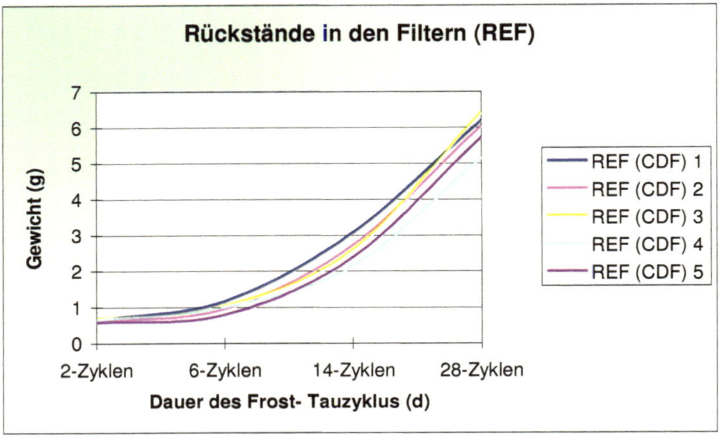

Abwitterungen an den Polymerproben:

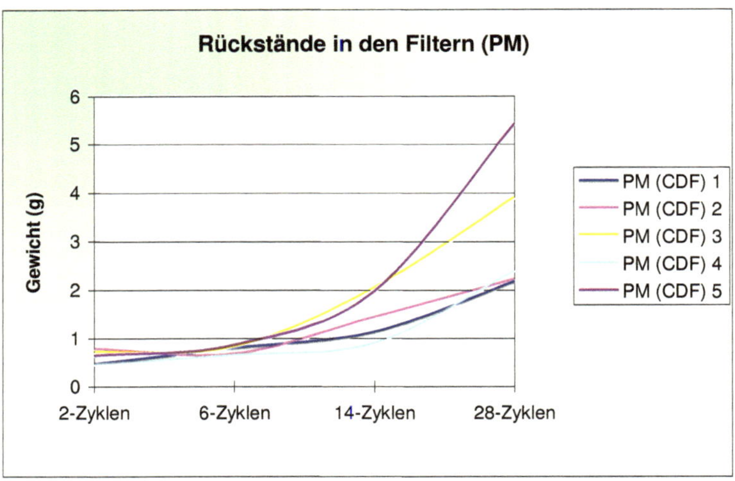

A3. Gewichtsvergleiche der Probekörper

Gewichtsvergleich zwischen den kleinen Würfeln (10/10/10) [cm]

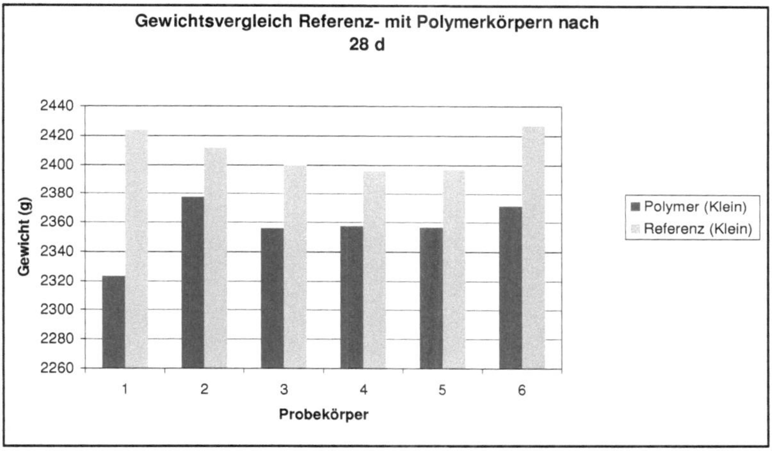

Gewichtsvergleich zwischen den großen Würfeln (15/15/15) [cm]

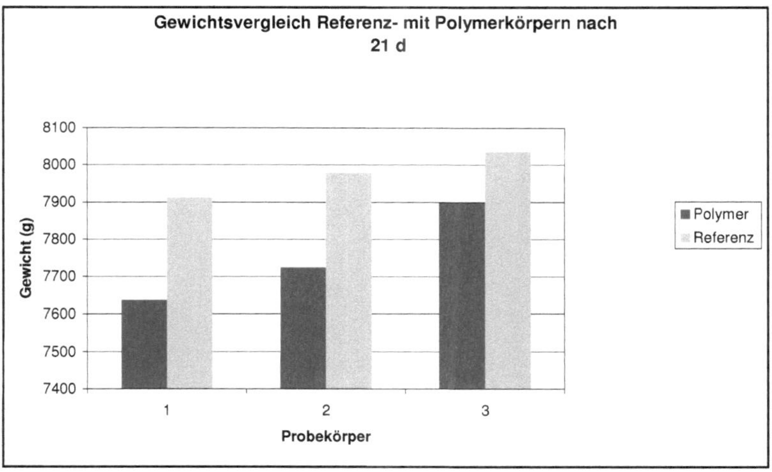

Gewichtsvergleich zwischen den Prismen (10/10/53) [cm]

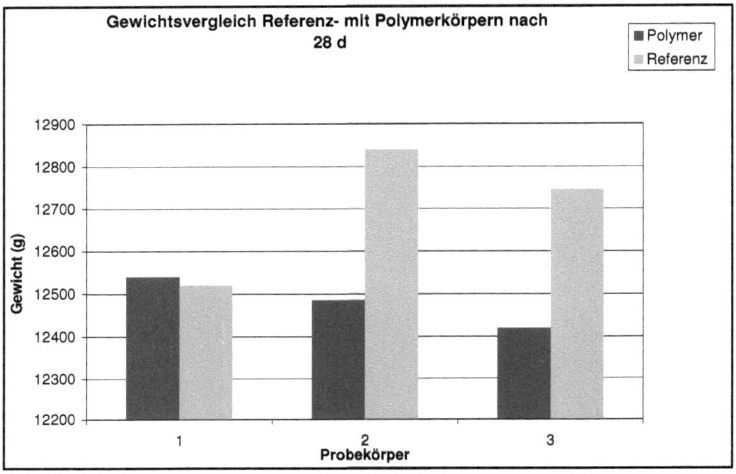

A4. Festigkeitsvergleiche

Druckfestigkeiten der jeweiligen Probekörper

		REF (CDF)	PM (CDF)
Würfel	1	65,32	69,33
150/150/150 mm	2	65,29	66,53
(28 d)	3	66,13	66,13

		REF (CDF)	PM (CDF)
Würfel	1	69,06	69,58
100/100/100 mm	2	52,5	71,99
(42 d)	3	64,63	6938

		REF (CDF)	PM (CDF)
Prismen	1	7,77	6,83
100/100/530 mm	2	7,09	5,51
(28 d)	3	7,93	6,29

A5. Bilder

Referenzkörper 5 nach dem CDF- Versuch

Referenzkörper 4 nach dem CDF- Versuch

Referenzkörper 3 nach dəm CDF- Versuch

Referenzkörper 2 nach dem CDF- Versuch

Referenzkörper 1 nach dem CDF- Versuch

Polymerkörper 5 nach dem CDF- Versuch

Polymerkörper 4 nach dem CDF- Versuch

Polymerkörper 3 nach dem CDF- Versuch

Polymerkörper 2 nach dem CDF- Versuch

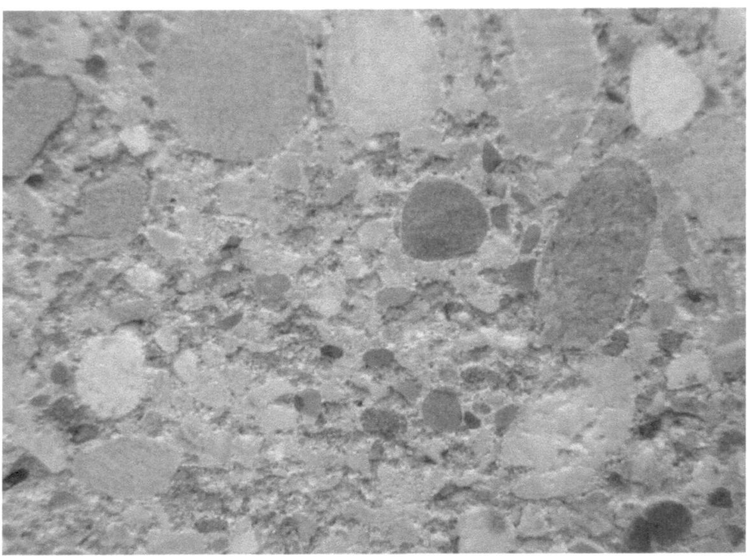

Polymerkörper 1 nach dem CDF- Versuch